# Chute d'œufs d'un immeuble

© décembre 2023, R.S.

# Table des matières

© 2023, RS, Paris, France.

ISBN : 9798872574200

A Amélie et Vict

"On ne fait pas d'omelettes sans casser d'œufs."

"Il ne faut pas mettre tous ses œufs dans le même panier."

"Qui vole un œuf vole un bœuf."

# 1.  Problème

On se propose de résoudre le problème suivant :

Un immeuble compte $n = 100$ étages. L'un des étages $s$ est l'étage le plus élevé d'
un œuf peut être laissé tomber sans se casser.

Si un œuf tombe au-dessus de cet étage, il se brisera. S'il tombe de cet étage ou e
dessous, il ne sera pas endommagé et vous pourrez laisser tomber l'œuf à nouveau

Avec 2 œufs, trouvez l'étage le plus élevé $s$ d'où un œuf peut être lâché sans se
casser, avec le moins d'essais possible.

On étendra ensuite ce problème avec davantage d'œufs.

# 2.    Remarques préliminaires

un œuf casse du $1^{er}$ étage, alors il est inutile de tester un autre œuf au rez-de-chaussée. Du coup, le rez-de-chaussée sera toujours non testé. Cela économise un lancé.

Pour étayer notre réponse, on calculera selon la méthode employée, les données suivantes :

$$\begin{cases} n = nombre\ d'étages\ de\ l'immeuble \\ L_n = nombre\ d'essais\ effectués \\ E(L_n) = nombre\ d'essais\ moyen\ nécessaire \\ E_{min}(L_n) = nombre\ d'essais\ moyen\ nécessaire\ au\ minimum \end{cases}$$

La dernière variable ci-dessus correspond à une optimisation selon le nombre d'étage $n$ pour garantir un nombre d'essais minimal selon la méthode employée.

On verra que paradoxalement, que si $\max(L)$ est plus grand dans une méthode m que dans une autre, alors $E(L)$ de la méthode m peut être plus petit que dans l'autre méthode. Le nombre d'essais maximum peut être grand mais rare et donc le nombre d'essais moyen nécessaire petit, et inversement. C'est parti.

# 3.    Tests successifs

Je lance du $1^{er}$ étage le $1^{er}$ œuf. S'il ne se brise pas, je continue à l'étage au-dessus jusqu'à ce qu'il se brise. S'il se brise à l'étage $c$ alors l'étage maximum où il ne se brise pas est l'étage $c - 1$.

Il me faudra au minimum 1 lancé si $c = 0$ et 100 si $c = n - 1 = 99$. Car il est inutile de tester le $100^{ième}$ étage si on a déjà testé les 99 autres. D'où :

$$1 \leq L_{100} \leq 99$$

Et de manière générale, on a :

$$1 \leq L_n \leq n - 1$$

Par exemple pour $n = 10$ étages, voici tous les cas possibles avec la moyenne :

| Casse au ↓ Essai au → | 1 | 2 | 3 | 4 | 5 | 6 | 7 | 8 | 9 | 10 | Essais |
|---|---|---|---|---|---|---|---|---|---|---|---|
| **10**ième étage | × | × | × | × | × | × | × | × | × | $o_1$ | **10** |
| **9**ième étage | × | × | × | × | × | × | × | × | $o_1$ | . | **9** |
| **8**ième étage | × | × | × | × | × | × | × | $o_1$ | . | . | **8** |
| **7**ième étage | × | × | × | × | × | × | $o_1$ | . | . | . | **7** |
| **6**ième étage | × | × | × | × | × | $o_1$ | . | . | . | . | **6** |
| **5**ième étage | × | × | × | × | $o_1$ | . | . | . | . | . | **5** |
| **4**ième étage | × | × | × | $o_1$ | . | . | . | . | . | . | **4** |
| **3**ième étage | × | × | $o_1$ | . | . | . | . | . | . | . | **3** |
| **2**ième étage | × | $o_1$ | . | . | . | . | . | . | . | . | **2** |
| **1er** étage | $o_1$ | . | . | . | . | . | . | . | . | . | **1** |
| **RdC** | . | . | . | . | . | . | . | . | . | . | **0** |
| **Moyenne** (sur **10**) | . | . | . | . | . | . | . | . | . | . | **5, 5** |

On effectuera en moyenne 5,5 essais pour 10 étages :

$$E(L_{10}) = \frac{1 + 2 + \cdots + 10}{10} = 5,5 \; essais \; en \; moyenne$$

t pour 100 étages, on obtient une moyenne de :

$$E(L_{100}) = \frac{1 + 2 + \cdots + 100}{100} = 50{,}5 \; essais \; en \; moyenne$$

oit 50,5 essais en moyenne nécessaires pour 100 étages. Et quelques soit le nombre 'étage, on a :

$$E(L_n) = \frac{1}{n} \sum_{k=1}^{n} k = \frac{n+1}{2} \; essais \; en \; moyenne$$

ette méthode est la plus simple mais demande un nombre d'essais moyens nportant. De plus, on n'exploite pas le second œuf. Il existe donc des méthodes ien plus performante. Allons-y.

# 4. Par dichotomie

## a) Simple

On sépare le nombre d'étages en deux parties identiques (a) (de 1 à 50) et (b) (de 5
à 100). On commence à lancer le $1^{er}$ œuf du $50^{ième}$ étage. S'il se casse je redémarre l
méthode précédente avec le $2^{nd}$ œuf à partir du $1^{er}$ étage. S'il ne se brise pas, j'essai
à la moitié des étages entre le $100^{ième}$ et celui-ci, donc le $75^{ième}$. S'il se brise j'essais à
partir du $51^{ème}$ en remontant, sinon du $76^{ième}$ en remontant également.

Il me faudra alors au minimum 2 lancés si $c = 0$ ($1^{er}$ au $50^{ième}$ étage et $2^{nd}$ au $1^{er}$
étage) et au plus :

$$2 \leq L_{100} \leq 50$$

Et de manière générale :

$$2 \leq L_n \leq \frac{n}{2}$$

r exemple pour 10 étages, voici tous les cas possibles avec la moyenne :

| Casse au ↓ Essai au → | 1 | 2 | 3 | 4 | 5 | 6 | 7 | 8 | 9 | 10 | Essais |
|---|---|---|---|---|---|---|---|---|---|---|---|
| 10ième étage | . | . | . | . | × | . | . | × | × | $o_1$ | 4 |
| 9ième étage | . | . | . | . | × | . | . | × | $o_1$ | . | 3 |
| 8ième étage | . | . | . | . | × | × | × | $o_1$ | . | . | 4 |
| 7ième étage | . | . | . | . | × | × | $o_2$ | $o_1$ | . | . | 4 |
| 6ième étage | . | . | . | . | × | $o_2$ | . | $o_1$ | . | . | 3 |
| 5ième étage | × | × | × | × | $o_1$ | . | . | . | . | . | 5 |
| 4ième étage | × | × | × | $o_2$ | $o_1$ | . | . | . | . | . | 5 |
| 3ième étage | × | × | $o_2$ | . | $o_1$ | . | . | . | . | . | 4 |
| 2ième étage | × | $o_2$ | . | . | $o_1$ | . | . | . | . | . | 3 |
| 1er étage | $o_2$ | . | . | . | $o_1$ | . | . | . | . | . | 2 |
| RdC | . | . | . | . | . | . | . | . | . | . | 0 |
| Moyenne (sur 10) | . | . | . | . | . | . | . | . | . | . | 3,7 |

n effectuera en moyenne 3,7 essais pour 10 étages :

$$E(L_{10}) = \frac{(2 + 3 + \cdots 5) + 5 + 2\big((3 + 4)\big) + 4}{10} = 3,7 \; essais \; en \; moyenne$$

pour 100 étages, on obtient une moyenne de :

$$E(L_{100}) = \frac{(2 + \cdots + 50) + 50 + 2\big((3 + \cdots + 25) + 25\big)}{100} = 20,18 \; essais$$

it environ 20 essais en moyenne nécessaires pour 100 étages. On progresse. De anière générale, on a ici :

$$E(L_n) \le \frac{1}{n}\left(\left(\sum_{k=1}^{\frac{n}{2}-1}(k + 1) + \left(\left(\frac{n}{2} - 1\right) + 1\right)\right) + 2\left(\sum_{k=1}^{\frac{n}{4}-1}(k + 2) + \left(\left(\frac{n}{4} - 1\right) + 2\right)\right)\right)$$

D'où :

$$E(L_n) \leq \frac{3n}{16} + 2 - \frac{3}{2n} \; essais$$

On est passé d'un nombre d'essais moyen d'environ $\frac{n}{2}$ à $\frac{3n}{16}$. Soit de la moitié du nombre d'étages $n$ à moins d'un $5^{\text{ième}}$. C'est mieux mais on peut encore faire mieux. Continuons.

## b) **Double**

On procède comme précédemment mais avec trois groupes au lieu de deux pour exploiter les deux œufs disponibles. On part du $33^{\text{ième}}$ étages. Si le $1^{\text{er}}$ œuf casse, on teste le $1^{\text{er}}$ étage en remontant, sinon le $66^{\text{ième}}$ étage. Si l'œuf casse au $66^{\text{ième}}$ étage, on teste le $34^{\text{ième}}$ étage en remontant, sinon le $67^{\text{ième}}$ en remontant.

Il faudra alors au minimum deux lancés si $c = 0$ ($1^{\text{er}}$ au $33^{\text{ième}}$ et $2^{\text{nd}}$ au $1^{\text{er}}$ étage) et au plus :

$$2 \leq L_{100} \leq 2 + 33 = 35$$

Et de manière générale, on a :

$$2 \leq L_n \leq 2 + \frac{n}{3}$$

Cette méthode parait moins performante car on a, au plus, davantage d'essais qu'avec la méthode précédente. Mais en pratique, ces cas sont plus rares.

Par exemple pour 10 étages, voici tous les cas possibles avec la moyenne :

| Casse au ↓ Essai au → | 1 | 2 | 3 | 4 | 5 | 6 | 7 | 8 | 9 | 10 | Essais |
|---|---|---|---|---|---|---|---|---|---|---|---|
| 10ième étage | . | . | × | . | . | . | × | × | × | $o_1$ | 5 |
| 9ième étage | . | . | × | . | . | . | × | × | $o_1$ | . | 4 |
| 8ième étage | . | . | × | . | . | . | × | $o_1$ | . | . | 3 |
| 7ième étage | . | . | × | × | × | × | $o_1$ | . | . | . | 5 |
| 6ième étage | . | . | × | × | × | $o_2$ | $o_1$ | . | . | . | 5 |
| 5ième étage | . | . | × | × | $o_2$ | . | $o_1$ | . | . | . | 4 |
| 4ième étage | . | . | × | $o_2$ | . | . | $o_1$ | . | . | . | 3 |
| 3ième étage | × | × | $o_1$ | . | . | . | . | . | . | . | 3 |
| 2ième étage | × | $o_2$ | $o_1$ | . | . | . | . | . | . | . | 3 |
| 1er étage | $o_2$ | . | $o_1$ | . | . | . | . | . | . | . | 2 |
| RdC | . | . | . | . | . | . | . | . | . | . | 0 |
| Moyenne (sur 10) | . | . | . | . | . | . | . | . | . | . | 3,7 |

On effectuera en moyenne 3,7 essais pour 10 étages :

$$E(L_{10}) = \frac{(2+3) + 3 + (3+4+5+5) + (3+4+5)}{10} = 3{,}7 \; essais \; en \; moyenne$$

C'est identique à la méthode précédente ? Pas tout à fait, regardons pour 100 étages. On obtient une moyenne de :

$$E(L_{100}) = \frac{(2+\cdots+33) + (3+\cdots+36) + (3+\cdots+36)}{100} = 18{,}86 \; essais$$

Soit moins de 19 essais en moyenne nécessaires pour 100 étages. On progresse si $n$ est suffisamment grand. De manière générale, on a ici :

$$E(L_n) \le \frac{1}{n}\left( \sum_{k=1}^{\frac{n}{3}-1} (k+1) + \left(\left(\frac{n}{3}-1\right)+1\right) + 2\left( \sum_{k=1}^{\frac{n}{3}-1} (k+2) + \left(\left(\frac{n}{3}-1\right)+2\right)\right)\right)$$

oit :

$$E(L_n) \leq \frac{n+1}{6} + 2 - \frac{3}{n} \ essais$$

n est passé d'un nombre d'essais moyen d'environ $\frac{3n}{16}$ à $\frac{n}{6}$. Soit d'un 5$^{ième}$ du nombre d'étages $n$ à un peu plus d'un 6$^{ième}$. C'est remarquable. Mais on peut encore faire mieux. Poursuivons.

# 5.   En groupes égaux

On choisit ici de découper notre immeuble en groupe d'étages. Cela permet de tester avec le $1^{er}$ œuf chaque groupe l'un après l'autre puis avec le $2^{nd}$ œuf chaque étage du groupe concerné.

## a)   En 10 groupes

On compartimente nos 100 étages en 10 paquets de 10 étages successifs. On commence au $10^{ième}$ étage. Si le $1^{er}$ œuf se casse, on test du $1^{er}$ au $9^{ième}$ jusqu'à ce que le $2^{nd}$ œuf se casse ou pas. Sinon, on essai au $20^{ième}$ étage. Et ainsi de suite.

Il faudra alors au minimum 2 lancés si $c = 0$ ($1^{er}$ au $10^{ième}$ étage et $2^{nd}$ au $1^{er}$ étage) e au plus :

$$2 \leq L_{100} \leq 10 + 9 = 19$$

Et de manière générale :

$$2 \leq L_n \leq \frac{n}{10} + (10 - 1) = \frac{n}{10} - 9$$

exemple pour 10 étages avec 5 compartiments de 2 étages, voici tous les cas possibles avec la moyenne :

| Casse au ↓ Essai au → | 1 | 2 | 3 | 4 | 5 | 6 | 7 | 8 | 9 | 10 | Essais |
|---|---|---|---|---|---|---|---|---|---|---|---|
| 10ième étage | . | × | . | × | . | × | . | × | × | $o_1$ | 6 |
| 9ième étage | . | × | . | × | . | × | . | × | $o_2$ | $o_1$ | 6 |
| 8ième étage | . | × | . | × | . | × | × | $o_1$ | . | . | 5 |
| 7ième étage | . | × | . | × | . | × | $o_2$ | $o_1$ | . | . | 5 |
| 6ième étage | . | × | . | × | × | $o_1$ | . | . | . | . | 4 |
| 5ième étage | . | × | . | × | $o_2$ | $o_1$ | . | . | . | . | 4 |
| 4ième étage | . | × | × | $o_1$ | . | . | . | . | . | . | 3 |
| 3ième étage | . | × | $o_2$ | $o_1$ | . | . | . | . | . | . | 3 |
| 2ième étage | × | $o_2$ | $o_1$ | . | . | . | . | . | . | . | 3 |
| 1er étage | $o_2$ | $o_1$ | . | . | . | . | . | . | . | . | 2 |
| RdC | . | . | . | . | . | . | . | . | . | . | 0 |
| Moyenne (sur 10) | . | . | . | . | . | . | . | . | . | . | 4,1 |

On effectuera en moyenne 4,1 essais ici. Soit :

$$E(L_{10}) = \frac{2(2 + 3 + \cdots + 6) + 1}{10} = 4{,}1 \text{ essais en moyenne}$$

Attention, on a ici divisé par paquet de 2 pour l'exemple pour 10 étages, mais en divisant par paquets de 10 pour 100 étages, on obtient une moyenne de :

$$E(L_{100}) = \frac{(1 + 2 + \cdots + 9) \times 10 + (1 + 2 + \cdots + 10) \times 9}{100} = 9{,}45 \text{ essais}$$

Soit moins de 10 essais en moyenne nécessaires pour 100 étages ! C'est incroyable. On a ici fait un bon dans notre optimisation du nombre d'essais.

La méthode générale est détaillée ci-après en fonction de la taille de chaque groupe.

## b)   En k groupes

On a toujours 2 essais au minimum nécessaire et au plus :

$$2 \leq L_n \leq \frac{n}{k} + k - 1 \; avec \; k = nombre \; d'étages \; par \; groupe$$

On souhaite connaître la valeur minimale du nombre d'essais maximum en fonction de $k$. On calcule alors où s'annule la dérivée. Soit :

$$\frac{d}{dx}\left(\frac{n}{k} + k - 1\right) = -\frac{n}{k^2} + 1 = 0 \rightarrow k = \lceil \sqrt{n} \rceil$$

Par exemple pour :

$$n = 100 \; étages \rightarrow k = 10 \; groupes$$
$$n = 10 \; étages \rightarrow k = 4 \; groupes$$

Le découpage en 10 groupes de 10 étages, qu'on a vue précédemment, est donc le plus optimal. Il minimise le nombre d'essais maximum. Ainsi :

$$2 \leq L_n \leq 2\sqrt{n} - 1$$

Et on retrouve bien :

$$2 \leq L_{100} \leq 19 \; essais \; maximum$$

Ou bien :

$$2 \leq L_{10} \leq 5{,}32 \; essais \; maximum$$

On calcule maintenant le nombre d'essais moyen nécessaire avec :

$$E(L_n) = \frac{1}{n}\left(\left(1 + \cdots + \left(\frac{n}{k} - 1\right)\right)k + (1 + \cdots + k)\left(\frac{n}{k} - 1\right)\right) = \frac{n-k}{2nk}(n + k(k+1))$$

t de manière optimale, on obtient :

$$k \approx \sqrt{n} \to E(L_n) \approx \sqrt{n} - \frac{1}{2}\left(1 + \frac{1}{\sqrt{n}}\right)$$

On retrouve d'ailleurs ce résultat ainsi :

$$E(L_n) \approx \frac{1}{n}\sum_{i=1}^{k}\frac{(k+2i)(k-1)}{2} = \frac{(k-1)(2k+1)}{2n}k \underset{k\approx\sqrt{n}}{\approx} \sqrt{n} - \frac{1}{2}\left(1 + \frac{1}{\sqrt{n}}\right)$$

On a ici pris en compte la somme, des nombres entre $a$ et $b$ compris, suivante :

$$\sum_{j=1}^{b} j = \frac{b(b+1)}{2} \to \sum_{j=a}^{b} j = \sum_{j=1}^{b} j - \sum_{j=1}^{a-1} j = \frac{b(b+1)}{2} - \frac{a(a-1)}{2} = \frac{(b+a)(b-a+1)}{2}$$

D'où :

$$\sum_{j=a}^{b} j = \frac{(b+a)(b-a+1)}{2}$$

Et le fait, qu'il y a au plus $k-1$ nombres pour chacun des $k$ groupes avec un nombre d'étapes de 2 à $k-1$ pour le 1$^{er}$ groupe, puis de 3 à $k$ pour le 2$^{nd}$, puis de 4 à $k+1$ pour le 3$^{ième}$ et ainsi de suite jusqu'au dernier groupe (le $k^{ième}$) de $k+1$ à $2k-1$ étapes.

Et comme précédemment, pour :

$$n = 100 \to E(L_{100}) \approx 9{,}45 \text{ essais en moyenne}$$

$$n = 10 \to E(L_{10}) \approx 2{,}51 \text{ essais en moyenne}$$

On a donc atteint le minimum d'essais en moyenne pour 100 étages avec cette méthode. Ayant fait ainsi le tour de cette méthode, existe-t-il un autre moyen de diminuer encore ce nombre d'essais maximum et moyen ? Eh bien étonnamment oui ! C'est tout simplement magique. On peut encore faire mieux. C'est parti.

# 6.  En groupes décroissants

On remarque qu'à chaque saut de groupe, on ajoute un essai en plus. Il faudrait alors que ces sauts soient inclus dans le nombre d'essais maximum par groupe pour minimiser le nombre d'essais total et ainsi avoir à la fois un nombre d'essais maximum le plus petit possible mais aussi un nombre d'essais moyens bas. Pour cela, on a :

$$Nombre\ d'essais\ max\ du\ 1^{er}\ groupe = taille\ du\ groupe = k$$

$$Nombre\ d'essais\ max\ du\ 2^{nd}\ groupe = k + \underbrace{1}_{\substack{passage\ du\ 1^{er} \\ au\ 2^{nd}\ groupe}}$$

$$...$$

$$Nombre\ d'essais\ max\ du\ p^{ième}\ groupe = k + \underbrace{p}_{\substack{passage\ du\ 1^{er} \\ au\ p^{ième}\ groupe}}$$

Il faut donc que les groupes soient de plus en plus petits pour garantir un nombre d'essais maximum constant à $k$. Soit :

$$Taille\ du\ 1^{er}\ groupe = k$$

$$Taille\ du\ 2^{nd}\ groupe = k - 1$$

$$Taille\ du\ 3^{ième}\ groupe = k - 2$$

$$...$$

$$Taille\ du\ p^{ième}\ groupe = k - p + 1$$

Les groupes ont donc des tailles variables (décroissantes). Dans notre cas, il faut que le nombre d'étages vaux :

$$n = k + (k-1) + (k-2) + \cdots + (k-p+1)\ avec\ p \leq k$$

Soit :

$$n \leq \sum_{i=1}^{k} i = \frac{k(k+1)}{2} \rightarrow k \geq \frac{\sqrt{8n+1}-1}{2} \rightarrow k = \left\lceil \frac{\sqrt{8n+1}-1}{2} \right\rceil$$

Ainsi, le nombre d'essais maximal vaut :

$$2 \leq L_n = k = \left\lceil \frac{\sqrt{8n+1}-1}{2} \right\rceil \approx \sqrt{2n}$$

Par exemple, pour :

$$n = 100 \ \text{étages} \rightarrow k \geq 13{,}65 \rightarrow k = 14 \ \text{étages pour le } 1^{er} \text{ groupe et } L_{100} = 14$$

Voici une illustration de ce découpage décroissant de groupes pour 100 étages :

| Lancé du 1ᵉʳ oeuf | Lancé du 2ⁿᵈ oeuf | | | | | | | | | | | | | Essais max |
|---|---|---|---|---|---|---|---|---|---|---|---|---|---|---|
| 14 | 1 | 2 | 3 | 4 | 5 | 6 | 7 | 8 | 9 | 10 | 11 | 12 | 13 | **14** |
| 27 | 15 | 16 | 17 | 18 | 19 | 20 | 21 | 22 | 23 | 24 | 25 | 26 | | **14** |
| 39 | 28 | 29 | 30 | 31 | 32 | 33 | 34 | 35 | 36 | 37 | 38 | | | **14** |
| 50 | 40 | 41 | 42 | 43 | 44 | 45 | 46 | 47 | 48 | 49 | | | | **14** |
| 60 | 51 | 52 | 53 | 54 | 55 | 56 | 57 | 58 | 59 | | | | | **14** |
| 69 | 61 | 62 | 63 | 64 | 65 | 66 | 67 | 68 | | | | | | **14** |
| 77 | 70 | 71 | 72 | 73 | 74 | 75 | 76 | | | | | | | **14** |
| 84 | 78 | 79 | 80 | 81 | 82 | 83 | | | | | | | | **14** |
| 90 | 85 | 86 | 87 | 88 | 89 | | | | | | | | | **14** |
| 95 | 91 | 92 | 93 | 94 | | | | | | | | | | **14** |
| 99 | 96 | 97 | 98 | | | | | | | | | | | **14** |
| 100 | | | | | | | | | | | | | | **12** |
| *Moyenne* | | | | | | | | | | | | | | **11,42** |

Soit environ 11,4 essais en moyenne nécessaires pour 100 étages ! C'est vraiment incroyable ! Rappelez-vous, on a débuté avec 50,5 essais en moyenne. Cette économie de calcul est gigantesque.

ur trouver la moyenne du nombre d'essais sur 100 étages, on utilise l'équation suivante :

$$E(L_n) = \frac{1}{n}\left(kx + \underbrace{(2 + \cdots + k) + (3 + \cdots + k) + \cdots + (x + \cdots + k)}_{x-1 \; parenthèses \; à \; sommer}\right)$$

e plus, d'après la structure triangulaire de notre groupement décroissant, le ombre d'étages vaut au plus :

$$n \le kx - \sum_{i=1}^{x-1} 1 = kx - \frac{x(x-1)}{2} \to x^2 - (2k+1)x + 2n \le 0$$

oit :

$$x \in \left[\frac{2k+1-\sqrt{4k(k+1)-8n+1}}{2} ; \frac{2k+1+\sqrt{4k(k+1)-8n+1}}{2}\right]$$

n choisit le moins de colonnes $x$ possibles, soit :

$$x = \left\lceil\frac{2k+1-\sqrt{4k(k+1)-8n+1}}{2}\right\rceil \le k$$

insi, le nombre d'essais moyen vaut :

$$(1).\, E(L_n) \ge \frac{1}{n}\left(kx + \sum_{j=1}^{x-1}\sum_{i=j-1}^{k-2}(i+2)\right) = \frac{-x^3 + (3k(k+3)+1)x - 3k(k+1)}{6n}$$

n a également la borne inférieure, uniquement fonction de $n$, suivante :

$$(2)\; E(L_n) \underset{x \le k}{\ge} \frac{k^2 + 3k - 1}{3n}k \underset{k \ge \frac{\sqrt{8n+1}-1}{2}}{\ge} \frac{(2n-3)\sqrt{8n+1} + 3(2n+1)}{6n} \approx \frac{2\sqrt{2}}{3}\sqrt{n} + 1$$

On a ainsi deux approximations du nombre d'essais moyen telles que : $E(L_n) \geq$ (1) $\geq$ (2). La dernière équation, moins précise, a le mérite de ne nécessiter aucun pré-calcul de $x$ et $k$. Seul le nombre d'étages $n$ est utilisé. Cela permet d'obtenir une borne inférieure rapidement.

De plus, si le nombre d'étage $n$ est immensément grand, on a :

$$\lim_{n\to\infty} E(L_n) \geq \frac{2\sqrt{2n}}{3} \; et \; \lim_{n\to\infty} L_n = \lim_{n\to\infty} k \geq \lim_{n\to\infty} \frac{\sqrt{8n+1}-1}{2} = \sqrt{2n}$$

D'où :

$$\lim_{n\to\infty} E(L_n) \geq \frac{2}{3} \lim_{n\to\infty} L_n = \frac{2}{3}\sqrt{2n}$$

Le nombre d'essais moyen est supérieur aux deux tiers du nombre d'essais maximum. Ce n'est pas une surprise, puisque quand $n$ est immensément grand, c'est-à-dire dans un immeuble avec un nombre d'étages $n$ quasiment infini, on a entre 1 et $\sqrt{n}$ essais pour casser le $1^{er}$ œuf. Soit, un milieu arithmétique à $\frac{\sqrt{n}}{2}$ et entre 1 et $\sqrt{n}-1$ essais pour casser le $2^{nd}$ œuf. Soit, un milieu arithmétique à $\frac{\sqrt{n}-1}{2}$. Si bien qu'en moyenne grossière, on effectue $E(L_n) \approx \frac{\sqrt{n}}{2} + \frac{\sqrt{n}-1}{2} = \sqrt{n} - \frac{1}{2}$ essais. Or, $L_n = 2\sqrt{n} - 1$. D'où : $E(L_n) \approx \frac{L_n+1}{2} - \frac{1}{2} = \frac{L_n}{2}$. Ainsi, grossièrement, le nombre d'essais moyen vaut environ la moitié (50%) du nombre d'essais maximum. Avec un calcul plus précis, on trouve que le nombre d'essais moyen vaut plus des deux tiers (67%) du nombre d'essais maximum.

Par exemple :

$$n = 100 \to L_{100} \leq k = 14 \; et \; x = \left\lceil \frac{29 - \sqrt{41}}{2} \right\rceil = 12$$

$$E(L_{100}) \geq \underbrace{10{,}37}_{(1)} \geq \underbrace{10{,}29}_{(2)} \; essais \; en \; moyenne \; et \; L_{100} = 11{,}42$$

Et si on reprend notre exemple avec 10 étages, on a :

$$n = 10 \rightarrow L_{10} \leq k = x = 4 \rightarrow E(L_{10}) \geq \underbrace{3,6}_{(1)} \geq \underbrace{3,6}_{(2)} \text{ essais en moyenne et } L_{10} = 3,6$$

Nos approximations sont ici exactes car les racines sont entières et aucun arrondi n'est nécessaire. On a l'illustration suivante :

| *Lancé du 1er oeuf* | *Lancé du 2nd oeuf* | . | . | *Essais max* |
|---|---|---|---|---|
| 4 | 1 | 2 | 3 | 4 |
| 7 | 5 | 6 | . | 4 |
| 9 | 8 | . | . | 4 |
| 10 | . | . | . | 4 |
| *Moyenne* | — | — | — | 3,6 |

$\rightarrow$

| | *Nombre d'essais* | | | *Somme de ligne* |
|---|---|---|---|---|
| *1er oeuf* | *2nd oeuf* | — | | |
| 4 | 2 | 3 | 4 | 13 |
| 4 | 3 | 4 | | 11 |
| 4 | 4 | . | | 8 |
| 4 | . | . | | 4 |
| *Total* | — | — | — | 36 |
| *Moyenne* | — | — | — | 3,6 |

Ou bien sous cette forme-ci avec la moyenne suivante :

| *Casse au ↓ Essai au →* | *1* | *2* | *3* | *4* | *5* | *6* | *7* | *8* | *9* | *10* | *Essais* |
|---|---|---|---|---|---|---|---|---|---|---|---|
| **10**ième *étage* | . | . | . | × | . | . | × | . | × | $o_1$ | 4 |
| **9**ième *étage* | . | . | . | × | . | . | × | × | $o_1$ | . | 4 |
| **8**ième *étage* | . | . | . | × | . | . | × | $o_2$ | $o_1$ | . | 4 |
| **7**ième *étage* | . | . | . | × | × | × | $o_1$ | . | . | . | 4 |
| **6**ième *étage* | . | . | . | × | × | $o_2$ | $o_1$ | . | . | . | 4 |
| **5**ième *étage* | . | . | . | × | $o_2$ | . | $o_1$ | . | . | . | 3 |
| **4**ième *étage* | × | × | × | $o_1$ | . | . | . | . | . | . | 4 |
| **3**ième *étage* | × | × | $o_2$ | $o_1$ | . | . | . | . | . | . | 4 |
| **2**ième *étage* | × | $o_2$ | . | $o_1$ | . | . | . | . | . | . | 3 |
| **1er** *étage* | $o_2$ | . | . | $o_1$ | . | . | . | . | . | . | 2 |
| *RdC* | . | . | . | . | . | . | . | . | . | . | 0 |
| *Moyenne (sur 10)* | . | . | . | . | . | . | . | . | . | . | 3,6 |

On effectuera en moyenne seulement 3,6 essais pour 10 étages. On a ici atteint les limites d'optimisation pour ce problème. Mais il reste encore des questions.

# 7.  Avec $b$ œufs

Si nous revoyons notre problème initial et que nous autorisions davantage d'œufs cassés. Alors, les subdivisions en groupes seront plus nombreuses et le nombre d'essais assurément plus bas et ainsi le nombre moyenne d'essais également. Peut-on trouver les équations qui régissent ce problème plus général disposant de $b$ œuf au maximum ?

Pour $b = 1$, c'est-à-dire avec un seul et unique œuf, le choix est vite fait puisqu'on e a qu'un seul : parcourir chaque étage un à un à partir du $1^{er}$ jusqu'à ce qu'il se casse L'étage maximal avant que l'œuf se casse est trouvé en $\frac{n(n+1)}{2}$ essais soit en $\frac{n+1}{2}$ essais en moyenne et au plus en $n - 1$ essais. Soit :

$$b = 1 \rightarrow \begin{cases} 1 \leq L_n \leq n - 1 \\ E(L_n) = \frac{1}{n}\left(\frac{n(n+1)}{2}\right) = \frac{n+1}{2} \end{cases}$$

Pour $b > 1$, on a vu que deux méthodes présentent les meilleurs résultats. On va donc se focaliser uniquement sur ces dernières. Ainsi, Pour $b = 2$, on sait déjà que :

$$b = 2 \rightarrow$$

$$\begin{cases} \text{Groupes égaux} \begin{cases} 2 \leq L_n \leq 2\sqrt{n} - 1 \\ E(L_n) \leq \sqrt{n} - \frac{1}{2}\left(1 + \frac{1}{\sqrt{n}}\right) \end{cases} \\ \text{Groupes décroissants} \begin{cases} 2 \leq L_n \leq \left\lceil \frac{\sqrt{8n+1} - 1}{2} \right\rceil \\ E(L_n) \leq \frac{(2n-3)\sqrt{8n+1} + 3(2n+1)}{6n} \approx \frac{2\sqrt{2}}{3}\sqrt{n} + 1 \end{cases} \end{cases}$$

Poursuivons, quelque soit le nombre d'œufs $b \geq 3$.

# a)    En groupes égaux

n di-ise notre immeuble en $\sqrt{n}$ groupes égaux, eux-mêmes divisés en $\sqrt{\sqrt{n}}$ sous-
oup-s égaux et ainsi de suite selon le nombre d'œufs $b$ dont on dispose. Cela
itor-e un nombre d'essais compris entre :

$$b \geq 3 \rightarrow b \leq L_n \leq n^{\frac{1}{2^{b-1}}} - 1 + \sum_{i=1}^{b-1} n^{\frac{1}{2^i}}$$

ar :

$$Si\ b = \begin{cases} 1 \rightarrow L_n = n - 1 \\ 2 \rightarrow L_n \leq 2n^{\frac{1}{2}} - 1 \\ 3 \rightarrow L_n \leq n^{\frac{1}{2}} + 2n^{\frac{1}{4}} - 1 \\ 4 \rightarrow L_n \leq n^{\frac{1}{2}} + n^{\frac{1}{4}} + 2n^{\frac{1}{8}} - 1 \\ 5 \rightarrow L_n \leq n^{\frac{1}{2}} + n^{\frac{1}{4}} + n^{\frac{1}{8}} + 2n^{\frac{1}{16}} - 1 \\ \quad ... \end{cases} \rightarrow \forall b > 3 : L_n \leq n^{\frac{1}{2^{b-1}}} - 1 + \sum_{i=1}^{b-1} n^{\frac{1}{2^i}}$$

ar ex-mple :

| $b$ | 1 | 2 | 3 | 4 | 5 | 6 | 7 | 8 | 9 | 10 |
|---|---|---|---|---|---|---|---|---|---|---|
| $L_{10} \leq$ | 9 | 5 | 5 | 5 | 5 | 5 | 5 | 5 | 5 | 5 |
| $L_{100} \leq$ | 99 | 19 | **15** | 15 | 15 | 15 | 15 | 15 | 15 | 15 |
| $L_{1\,000} \leq$ | 999 | 62 | 41 | **40** | 40 | 40 | 40 | 40 | 40 | 40 |
| $L_{10\,000} \leq$ | 9 999 | 199 | 119 | **115** | 115 | 115 | 115 | 115 | 115 | 115 |

insi, -our obtenir le plus petit nombre d'essais maximal avec le minimum d'œufs, il
emb-e que le nombre d'œufs doit environ correspondre au nombre de chiffres de
. Soi- :

$$b = \left\lfloor \frac{\ln(n)}{\ln(10)} \right\rfloor + 1$$

En réalité, ce n'est pas toujours le cas. C'est une fausse coïncidence. La condition suffisante est que le radical soit divisible au moins en deux partie égale pour garant le dernier sous groupe selon le nombre d'œufs disponibles $b$ restants. On a donc :

$$n^{\frac{1}{2^{b-1}}} \geq 2 \rightarrow b \leq \frac{1}{\ln(2)} \ln\left(\frac{ln(n)}{ln(2)}\right) + 1 \rightarrow b \leq \begin{cases} 2{,}73 \ si \ n = 10 \\ 3{,}73 \ si \ n = 100 \\ 4{,}32 \ si \ n = 1\ 000 \\ 4{,}73 \ si \ n = 10\ 000 \end{cases}$$

On retrouve ces valeurs en gras, pour $b$ arrondi à l'entier inférieur, dans le tableau précédent. Ainsi :

$$Si \ b = 1 + \left\lfloor \frac{1}{\ln(2)} \ln\left(\frac{ln(n)}{ln(2)}\right) \right\rfloor \rightarrow L_n \ est \ minimal \ avec \ le \ plus \ petit \ nombre \ d'oeufs \ b$$

En particulier :

$$Si \ n = 2^{2^{b-1}} \rightarrow L_n \ est \ minimal \ avec \ le \ plus \ petit \ nombre \ d'oeufs \ b.$$

Par exemple :

$$Si \ b = \begin{cases} 2 \ et \ n = 2^{2^{2-1}} = 4 \rightarrow L_4 \leq 3 \ est \ minimal \ avec \ 2 \ oeufs \\ 3 \ et \ n = 2^{2^{3-1}} = 16 \rightarrow L_{16} \leq 7 \ est \ minimal \ avec \ 3 \ oeufs \\ 4 \ et \ n = 2^{2^{4-1}} = 256 \rightarrow L_{256} \leq 23 \ est \ minimal \ avec \ 4 \ oeufs \\ 5 \ et \ n = 2^{2^{5-1}} = 65\ 536 \rightarrow L_{65\ 536} \leq 279 \ est \ minimal \ avec \ 5 \ oeufs \end{cases}$$

De plus, dans ce cas, on trouve la belle relation suivante :

$$Si \ n = 2^{2^{b-1}} \rightarrow L_n \leq L_{\sqrt{n}} + 2^{2^{b-2}} \ est \ minimal \ pour \ b \ \left(car \ ici \ \sqrt{n} = 2^{2^{(b-1)-1}}\right)$$

uant aux nombres d'essais moyen, on a :

$$E(L_n) \approx \frac{n^{\frac{1}{2^{b-(b-1)}}}}{2} + \cdots + \frac{n^{\frac{1}{2^{b-2}}}}{2} + \frac{n^{\frac{1}{2^{b-1}}}}{2} + \frac{n^{\frac{1}{2^{b-1}}} - 1}{2} = \frac{1}{2} \sum_{i=1}^{b-2} n^{\frac{1}{2^i}} + n^{\frac{1}{2^{b-1}}} - \frac{1}{2}$$

ette estimation est basée sur le fait qu'on a un premier découpage optimal en $\sqrt{n}$ apes, soit environ $\frac{\sqrt{n}}{2}$ étapes en moyenne. Puis, on fait de même pour chaque sous écoupage, soit environ $\frac{\sqrt{\sqrt{n}}}{2}$ étapes en moyenne et ainsi de suite. Pour le dernier écoupage, il s'agit de remonter chacun des étages restants, soit $n^{\frac{1}{k}} - 1$ et $k = 2^{b-1}$. oit environ $\frac{n^{\frac{1}{k}}-1}{2}$ étapes en moyenne. En additionnant toutes ces étapes moyennes, n obtient bien :

$$E(L_n) \approx \frac{\sum_{i=1}^{b-2} n^{\frac{1}{2^i}} - 1}{2} + n^{\frac{1}{2^{b-1}}}$$

ar exemple :

$$b = \begin{cases} 2 \rightarrow E(L_n) \approx -\frac{1}{2} + n^{\frac{1}{2}} \\[2mm] 3 \rightarrow E(L_n) \approx \frac{n^{\frac{1}{2}} - 1}{2} + n^{\frac{1}{4}} \\[2mm] 4 \rightarrow E(L_n) \approx \frac{n^{\frac{1}{2}} + n^{\frac{1}{4}} - 1}{2} + n^{\frac{1}{8}} \\ \cdots \end{cases}$$

t :

| $b$ | 1 | 2 | 3 | 4 | 5 | 6 |
|---|---|---|---|---|---|---|
| $E(L_{10}) \approx$ | 5,5 | **2,66** | 2,86 | 3,30 | 3,79 | 4,29 |
| $E(L_{100}) \approx$ | 50,5 | 9,5 | **7,66** | 7,86 | 8,30 | 8,79 |
| $E(L_{1\,000}) \approx$ | 500,5 | 31,12 | 20,93 | **20,49** | 20,85 | 21,32 |
| $E(L_{10\,000}) \approx$ | 5 000,5 | 99,5 | 59,5 | **57,66** | 57,86 | 58,30 |

Le plus petit nombre d'œufs nécessaires pour obtenir le minimum d'étapes en moyenne arrive alors lorsque :

$$\frac{\sum_{i=1}^{b-2} n^{\frac{1}{2^i}} - 1}{2} + n^{\frac{1}{2^{b-1}}} < \frac{\sum_{i=1}^{(b+1)-2} n^{\frac{1}{2^i}} - 1}{2} + n^{\frac{1}{2^{(b+1)-1}}} \rightarrow n^{\frac{1}{2^b}} < 2$$

Soit :

$$n < 2^{2^b} \ ou \ b > \ln_2(\ln_2(n))$$

On a donc :

| $b$ | 1 | 2 | 3 | 4 | 5 | 6 |
|---|---|---|---|---|---|---|
| $n <$ | 4 | 16 | 256 | 65 536 | $4{,}3.10^9$ | $18{,}4.10^{18}$ |

Et :

| $n$ | 10 | 100 | 1 000 | 10 000 | 100 000 | 1 000 000 |
|---|---|---|---|---|---|---|
| $b >$ | 1,73 | 2,73 | 3,32 | 3,73 | 4,05 | 4,32 |
| $b \geq$ | 2 | 3 | 4 | 4 | 5 | 5 |

Ce qui correspond bien aux résultats précédents. Ainsi, selon le nombre d'étages $n$, on sait combien d'œufs $b$ il faut utiliser au minimum pour obtenir le moins d'étapes en moyenne. De même, selon le nombre d'œufs $b$ autorisés, on sait combien d'étages $n$ au maximum sont nécessaires pour obtenir le moins d'étapes en moyenne. Ces informations sont forts utiles pour faire un choix optimal, selon que le nombre d'œufs ou le nombre d'étages sont libres ou imposés.

# b)    En groupes décroissants

Comme on dispose de plus de deux œufs, on « triangularise » les étages de l'immeuble en groupes d'étages décroissants une première fois puis une seconde fois pour chaque sous groupes et ainsi de suite. Cela permet de définir le nombre maximum d'étages à tester comme suit :

$$k_{i-1} \leq \sum_{j=1}^{k_i} j = \frac{k_i(k_i - 1)}{2} \rightarrow k_i \geq \frac{\sqrt{8k_{i-1}+1}+1}{2} > \sqrt{2k_{i-1}} \; avec \; k_0 = n$$

On somme alors chacun des « triangles ». Soit :

$$k \approx \sum_{i=1}^{b-1} k_i = \sum_{i=1}^{b-1} 2^{\sum_{j=1}^{i}\left(\frac{1}{2}\right)^j} n^{\left(\frac{1}{2}\right)^i} = 2 \sum_{i=1}^{b-1} \left(\frac{n}{2}\right)^{\left(\frac{1}{2}\right)^i}$$

D'où :

$$b \leq L_n \leq k \approx 2 \sum_{i=1}^{b-1} \left(\frac{n}{2}\right)^{\left(\frac{1}{2}\right)^i}$$

Soit :

$$b = \begin{cases} 2 \rightarrow 2 \leq L_n \leq \sqrt{2n} \\ 3 \rightarrow 3 \leq L_n \leq \sqrt{2n} + 2\left(\frac{n}{2}\right)^{\frac{1}{4}} \\ 4 \rightarrow 4 \leq L_n \leq \sqrt{2n} + 2\left(\frac{n}{2}\right)^{\frac{1}{4}} + 2\left(\frac{n}{2}\right)^{\frac{1}{8}} \\ 5 \rightarrow 5 \leq L_n \leq \sqrt{2n} + 2\left(\frac{n}{2}\right)^{\frac{1}{4}} + 2\left(\frac{n}{2}\right)^{\frac{1}{8}} + 2\left(\frac{n}{2}\right)^{\frac{1}{16}} \\ \ldots \end{cases}$$

Par exemple :

| $b$ | 2 | 3 | 4 | 5 |
|---|---|---|---|---|
| $L_{10} \leq$ | 4,47 | 7,46 | 9,91 | 12,12 |
| $L_{100} \leq$ | 14,14 | 19,46 | 22,72 | 25,28 |
| $L_{1\,000} \leq$ | 44,72 | 54,18 | 58,53 | 61,48 |
| $L_{10\,000} \leq$ | 141,42 | 158,24 | 164,04 | 167,44 |

Le nombre d'essais maximum augmente avec le nombre d'œufs disponibles. Cela n parait pas répondre à nos attentes. Pour vérifier que cette méthode est bien efficac concentrons-nous plutôt sur le nombre moyen d'essais. C'est ce dernier qui nous dira si cette méthode est plus efficace ou non que la précédente avec plus de deux œufs disponibles. On a :

$$E(L_n) \approx \frac{L_n}{2} \approx \sum_{i=1}^{b-1} \left(\frac{n}{2}\right)^{\left(\frac{1}{2}\right)^i}$$

En effet, on parcourra en moyenne environ la moitié du nombre maximum d'essais Soit :

| $b$ | 2 | 3 | 4 | 5 |
|---|---|---|---|---|
| $L_{10} \leq$ | 2,24 | 3,73 | 4,96 | 6,06 |
| $L_{100} \leq$ | 7,07 | 9,73 | 11,36 | 12,64 |
| $L_{1\,000} \leq$ | 22,36 | 27,09 | 29,27 | 30,74 |
| $L_{10\,000} \leq$ | 70,71 | 79,12 | 82,02 | 83,72 |

On remarque que comme on ajoute un terme de plus en plus petit mais croissant à cette moyenne de nombre d'essais, rajouter des œufs ne rend pas plus efficace cett méthode. Ainsi, au-delà de deux œufs, cette méthode n'est pas optimale et la précédente est plus efficace malgré un nombre maximum d'essais mieux contrôlé.

# 8.   Référence

ci quelques liens en ligne qui traite ce problème :

youtube.com/watch?v=uBhSIKLlvdk
villemin.gerard.free.fr/aJeux1/Partage/Oeuf100.htm
datagenetics.com/blog/july22012/index.html

# 9.  Conclusion

Ce problème, d'algorithme le plus optimal, est d'apparence simple. Or, peu à peu, découvre des méthodes de plus en plus ingénieuses qui arrivent à surprendre not intuition.

En effet, avec immeuble de 100 étages, difficile de croire qu'on peut en seulement 14 essais au plus trouver avec deux œufs le dernier étage où les œufs ne se casser pas. C'est très peu et parait à priori impossible ! C'est improbabilité est de ce fait tout à fait contre intuitive.

Mais on va plus loin. On obtient également que le plus petit nombre d'œufs nécessaires pour un minimum d'essais, afin de trouver notre fameux dernier étage où aucun œuf se casse, est relativement petit. Si bien qu'on aura en général besoir de peu d'œufs pour trouver le bon étage et en rajouter ne servirait à rien.

Autre enseignement intéressant, si le nombre d'essais maximal de la méthode 1 es supérieur à celui de la méthode 2, et bien étonnamment, le nombre d'essais en moyenne nécessaire pour trouver notre fameux dernier étage, de la méthode 1 est parfois plus petit que celui de la méthode 2. C'est-à-dire que :

$$Si\ (L_n)_1 > (L_n)_2 \nrightarrow E((L_n)_1) > E((L_n)_2)$$

Et inversement, un nombre d'essais moyen nécessaire petit n'entraine pas un nombre d'essais maximal petit vis-à-vis d'une autre méthode employée. Soit :

$$E((L_n)_1) > E((L_n)_2) \nrightarrow (L_n)_1 > (L_n)_2$$

C'est tout à fait singulier. Ces cas sont rares mais existent bel et bien. Il suffit que le nombre d'essais maximal soit grand mais suffisamment rare pour obtenir un nomb

...ssai moyen assez éloigné de ce maximum. Comparativement à une autre ...thode où le nombre d'essais maximum serait atteint souvent, entrainant un ...mbre d'essais moyen proche de ce maximum. En rapprochant ces valeurs, on peut ...nbe sur l'à priori illogisme décrit précédemment qui n'en est pas un. Cette ...lication n'est, encore une fois, pas intuitive pourtant bien comprise avec un peu ...raisonnement.

...question, que l'on est en droit de se poser maintenant, est quel critère doit-être ...s en compte pour considérer telle méthode plus optimale qu'une autre ? Le ...mbre d'essais maximal ou le nombre d'essais moyen ou un autre critère de ...férenciation ?

...réponse à cette question n'est pas si évidente. Pour y répondre, il faut savoir ...écisément ce que l'on souhaite réellement optimiser. Souhaite-t-on limiter en ...oyenne le nombre d'essais quitte à ne pas avoir le nombre d'essais maximum le ...s petit ? Ou plutôt, limiter à tout pris le nombre d'essais maximum quitte à avoir ...nombre d'essais moyen proche de ce maximum ?

...méthode en groupes décroissants garantie un nombre d'essais moyen ...jèrement plus grand que par la méthode en groupes égaux. En revanche, elle ...rantt un nombre d'essais maximum en général plus petit que par la méthode en ...oupes égaux. Si bien, que selon son critère d'optimisation, on préfèrera une de ces ...ux méthodes plutôt que l'autre.

...définitif, le plus petit nombre d'essais maximum est le plus impressionnant. Ainsi, ...méthode en groupes décroissants parait la plus attirante par défaut.

...ais s vous devez faire de même sur plusieurs immeubles, ou de manière répétée ...r le même immeuble avec un dernier étage seuil qui change à chaque tour, il ...udra alors mieux utiliser la méthode en groupes égaux qui minimise le nombre d'essais moyen. Mais attention, tout cela est fonction du nombre d'étages de l'immeuble $n$.

Ainsi, dans la très grande majorité des cas, la méthode en groupes décroissants est toujours la plus performante en nombre d'essais maximum et en nombre d'essais moyen. Mais parfois et selon $n$, les arrondis en valeurs entières décalent nos résultats pour inverser la plus performante des deux méthodes présentées.

Ceci arrive peu fréquemment. Ainsi, selon votre besoin, il faudra utiliser une méthode plutôt qu'une autre. Elles sont toutes les deux incroyablement performantes.